Microsoft®

PowerPoint™ 2003

Guide de référence rapide

NEVADA LEARNING SERIES™

Présentation de PowerPoint

Vous pouvez créer, grâce à PowerPoint, des présentations aussi simples que des diaporamas ou aussi complexes que des prévisions financières avec animations, transitions de diapositives, tableaux et graphiques. Vous pouvez exécuter vos présentations manuellement, pour appuyer vos commentaires lors d'une réunion, ou automatiquement, en tant que support visuel lors d'un salon commercial ou d'un discours.

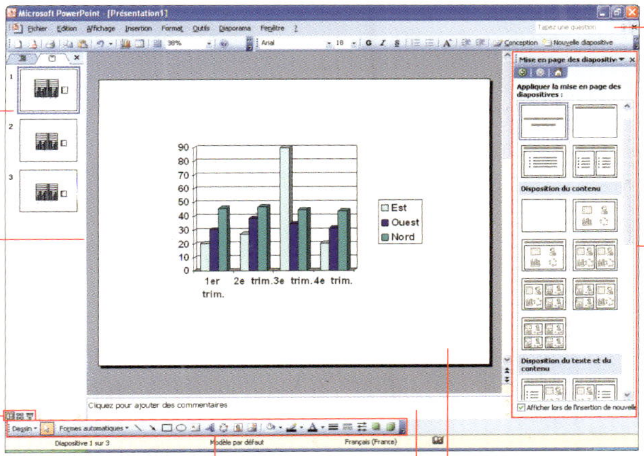

Volet Miniatures. Voir *Modes d'affichage des diapositives*, page 2.

Bordure de volet. Voir *Personnaliser les barres d'outils et l'espace de travail*, ci-dessous.

Boutons d'affichage. Voir *Modes d'affichage des diapositives*, page 2.

Barre d'outils Dessin. Voir *Dessiner des traits et des formes*, page 5

Volet de commentaires

Diapositive avec graphique affiché. Voir *Insérer des tableaux, des graphiques et des images*, page 4.

Pour obtenir de l'aide à ce sujet, tapez votre question.

Volet Office avec mises en page des diapositives affichées. Voir *Présentation du volet Office*, ci-dessous, et *Utiliser des mises en page et des modèles de diapositive*, page 2.

Présentation du volet Office

Le volet Office facilite votre accès aux fonctions Microsoft Office le plus souvent utilisées et à des tâches PowerPoint spécifiques telles que la modification de la conception d'une diapositive active ou la création de transitions.

Pour afficher ou masquer le volet Office : sélectionnez **Affichage** ▶ **Volet Office** ou appuyez sur CTRL+F1.

Pour basculer vers un autre volet Office : cliquez sur la barre de titre du volet Office (*p. ex.* **Accueil** ▼ ×) et sélectionnez un autre volet (*p. ex.* **Aide**). Cliquez sur ou sur pour voir les derniers volets affichés.

Personnaliser les barres d'outils et l'espace de travail

Pour afficher ou masquer une barre d'outils : choisissez **Afficher** ▶ **Barres d'outils** et choisissez une barre dans le menu.

Pour ajouter une icône à une barre d'outils : choisissez **Outils** ▶ **Personnaliser**. Dans la boîte de dialogue, cliquez sur l'onglet Commandes. Dans la liste **Catégories**, choisissez une catégorie puis faites glisser une icône de la liste **Commandes** sur la barre d'outils. Pour enlever une icône, faites-la glisser hors de la barre. Cliquez sur Fermer.

Pour créer une barre d'outils personnalisée : choisissez **Outils** ▶ **Personnaliser**. Dans la boîte de dialogue **Personnaliser**, cliquez sur l'onglet Barres d'outils. Cliquez sur Nouvelle..., nommez la barre d'outils puis cliquez sur **OK**. Cliquez sur l'onglet Commandes et faites glisser des icônes jusqu'à la nouvelle barre.

Pour déplacer une barre d'outils : cliquez sur la poignée de la barre et faites-la glisser dans la zone. Pour déplacer une barre flottante, cliquez sur son titre et faites-la glisser. Pour l'ancrer, double-cliquez sur son titre.

Pour redimensionner un volet : placez le pointeur de la souris sur la bordure d'un volet. Lorsqu'il se transforme en double flèche, cliquez sur la barre et faites-la glisser.

Créer, ouvrir et enregistrer des présentations

Pour créer une présentation : cliquez sur ou appuyez sur CTRL+N. Pour utiliser un modèle, ouvrez le volet **Nouvelle présentation** et cliquez sur **Sur mon ordinateur**. Cliquez sur un onglet, choisissez un modèle et cliquez sur **OK**.

Pour ouvrir une présentation : cliquez sur ou appuyez sur CTRL+O. Dans la boîte de dialogue **Ouvrir**, sélectionnez le document puis cliquez sur Ouvrir.

Pour enregistrer une présentation : cliquez sur ou appuyez sur CTRL+S. Si la présentation est nouvelle, nommez-la dans la boîte de dialogue **Enregistrer sous** et cliquez sur Enregistrer.

✶ Nouveauté PowerPoint 2003

Table des matières

... plus un tableau des raccourcis et un résumé des nouveautés !

Visitez notre site Web à l'adresse www.nlearnseries.com

Si vous souhaitez commander d'autres guides de notre collection, contactez-nous par fax au 416-487-3121 ou par e-mail à l'adresse suivante : french@learnseries.com.

ISBN:1-55374-723-2 Imprimé au Canada

Utiliser des mises en page et des modèles de diapositive

Les mises en page et les modèles déterminent l'aspect de votre présentation. Prenez donc le temps d'explorer ceux qui vous sont proposés avant de créer votre présentation. Vous pouvez tous les modifier à votre gré.

À propos des mises en page des diapositives

Chaque diapositive a une mise en page avec au moins un espace réservé. Ces espaces sont des conteneurs qui permettent d'insérer du texte ou des éléments multimédia tels que des graphiques, des tableaux et des clips vidéo. On distingue trois types principaux de mise en page.

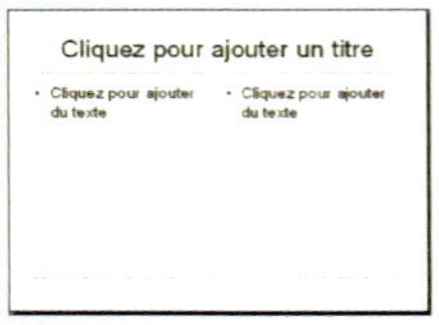

Disposition du texte

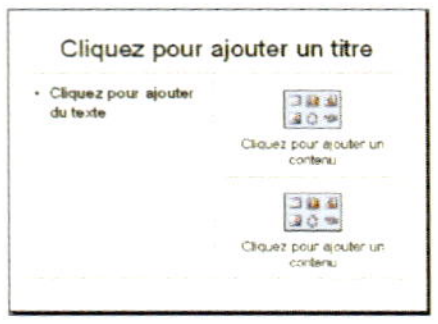

Disposition du contenu

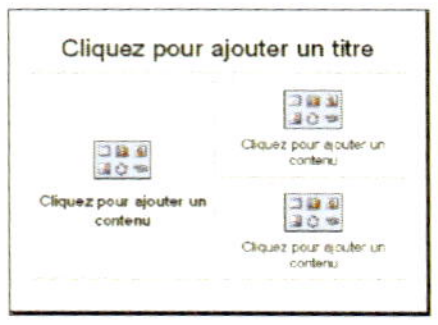

Disposition du texte et du contenu

Pour appliquer une mise en page à une diapositive : sélectionnez la diapositive et le style de mise en page dans le volet Office **Mise en page des diapositives**. Voir *Présentation du volet Office*, page 1.

Modifier un espace réservé

Cliquez dans l'espace pour le sélectionner. Vous pouvez alors le redimensionner, le déplacer ou en modifier les propriétés.

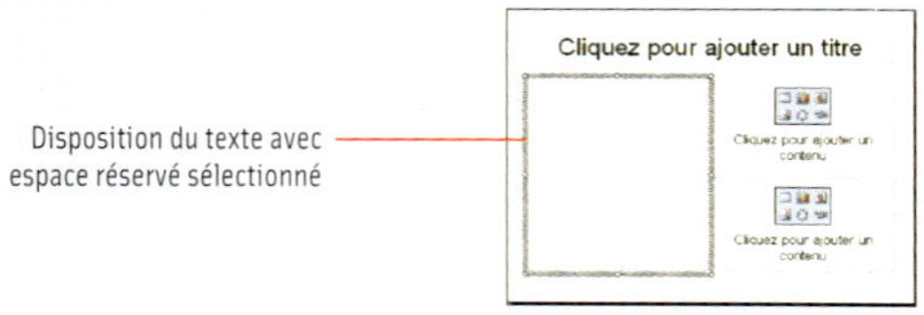

Pour le redimensionner : positionnez le pointeur sur une poignée de dimensionnement jusqu'à ce qu'il se transforme en double flèche. Cliquez sur la poignée et faites-la glisser.

Pour le déplacer : positionnez le pointeur sur la bordure de l'espace réservé jusqu'à ce qu'il se transforme en flèche à quatre branches. Cliquez sur la bordure et faites-la glisser.

Pour modifier la couleur du remplissage ou de la bordure : choisissez **Format** ▶ **Espace réservé**. Dans la boîte de dialogue **Format de l'espace réservé**, cliquez sur l'onglet Couleurs et traits. Sélectionnez les options voulues dans les zones **Remplissage** et **Trait**.

Astuce : Servez-vous des autres onglets de la boîte de dialogue **Format de l'espace réservé** pour appliquer une mise en forme à un espace réservé : hauteur, largeur, rotation ou position.

À propos des modèles de conception et de contenu

Modèles de conception. Le volet Office **Conception de diapositive** (voir *Présentation du volet Office*, page 1) contient des modèles prêts à l'emploi, qui incluent des schémas de couleurs, des arrière-pans et des polices prédéfinis. Vous pouvez appliquer ces modèles à toute votre présentation et assurer la cohésion de l'ensemble. Voici un exemple de présentation identique (voir *À propos des mises en page des diapositives*, ci-dessus) à laquelle nous avons appliqué deux modèles différents.

Modèles de contenu. Les modèles de contenu sont semblables aux modèles de conception, avec en plus une suggestion pour l'ordre de la présentation. Voir *Utiliser l'Assistant Sommaire automatique*, page 3.

Utiliser des masques

L'aspect général des présentations dépend de *masques* qui contiennent des éléments de conception tels que les polices de titres, les styles de listes à puces et des images de logotypes. Utilisez ces masques pour apporter des modifications à toute la présentation, ou pour mettre en forme vos commentaires et vos documents à distribuer.

Modifier le masque des diapositives

Choisissez **Affichage** ▶ **Masque** ▶ **Masque des diapositives** pour afficher ce dernier. Après modification du masque (voir ci-dessous), cliquez sur Désactiver le mode Masque dans la barre d'outils Mode Masque des diapositives pour appliquer les modifications.

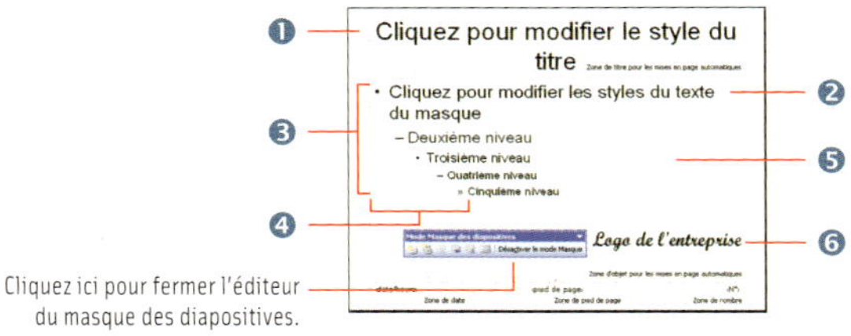

❶ **Pour modifier le style du titre de votre présentation :** cliquez sur le titre du masque et modifiez la taille du texte, la couleur, la police, *etc.*

❷ **Pour modifier les styles de texte :** cliquez n'importe où dans le texte, puis modifiez la taille du texte, la couleur, la police, *etc.*

❸ **Pour modifier les puces :** cliquez dans le texte, puis choisissez **Format** ▶ **Puces et numéros**. Dans la boîte de dialogue, choisissez un style et cliquez sur **OK**.

❹ **Pour définir des retraits de puces et de paragraphes :** choisissez **Affichage** ▶ **Règle**. Cliquez dans le texte, puis faites glisser les marqueurs de retrait pour définir les retraits de puces de niveau 1–5. Faites glisser le haut du marqueur de retrait de paragraphe pour définir les retraits de paragraphe, ou le bas pour les retraits de puces et de paragraphes simultanés.

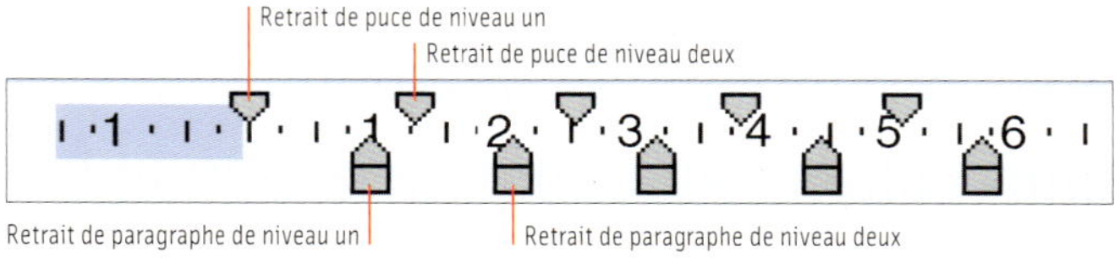

❺ **Pour modifier la couleur de l'arrière-plan de toutes les diapositives de votre présentation :** choisissez **Format** ▶ **Arrière-plan**. Dans la boîte de dialogue **Arrière-plan**, cliquez sur ⌄, choisissez une couleur dans la liste puis cliquez sur Appliquer partout.

❻ **Pour ajouter un logotype à votre présentation :** choisissez **Insérer** ▶ **Image** ▶ **À partir du fichier**, puis choisissez le logo de votre société dans la boîte de dialogue et cliquez sur Insérer. Faites glisser le logo pour le positionner dans le masque.

Remarque : Les autres masques peuvent être modifiés de la même façon que le masque des diapositives. Choisissez **Affichage** ▶ **Masque** ▶ **Masque du document** ou **Affichage** ▶ **Masque** ▶ **Masque des pages de commentaires**.

Modes d'affichage des diapositives

Les icônes d'affichage sont situées dans le coin inférieur gauche de la fenêtre PowerPoint.

Mode Normal .... **Affichage** ▶ **Normal**

Cliquez sur l'onglet **Plan** ou Diapositives pour afficher le texte de votre présentation sous forme de plan, ou pour voir les diapositives en tant qu'images miniatures. Utilisez le volet principal des diapositives pour modifier ces dernières, et le volet Commentaires pour ajouter des commentaires de présentateur.

Mode Trieuse de diapositives .... **Affichage** ▶ **Trieuse de diapositives**

Utilisez ce mode pour réorganiser des diapositives. Pour les réorganiser, faites-les glisser jusqu'à leur nouvel emplacement. Pour copier une diapositive, cliquez dessus et appuyez sur CTRL+D. Pour en supprimer une, appuyez sur SUPPR.

Diaporama .... **Affichage** ▶ **Diaporama**

Cliquez ici pour lancer votre diaporama à partir de la diapositive active. Voir *Exécuter votre présentation*, page 6.

Élaborer une présentation avec un contenu nouveau

Depuis le volet Office Nouvelle présentation, élaborez votre présentation avec des diapositives vierges, des modèles prédéfinis ou des plans préstructurés.

Choisissez **Fichier** ▶ **Nouveau** ou passez au volet Office **Nouvelle présentation** (voir *Présentation du volet Office*, page 1). Cliquez sur l'une des options suivantes :

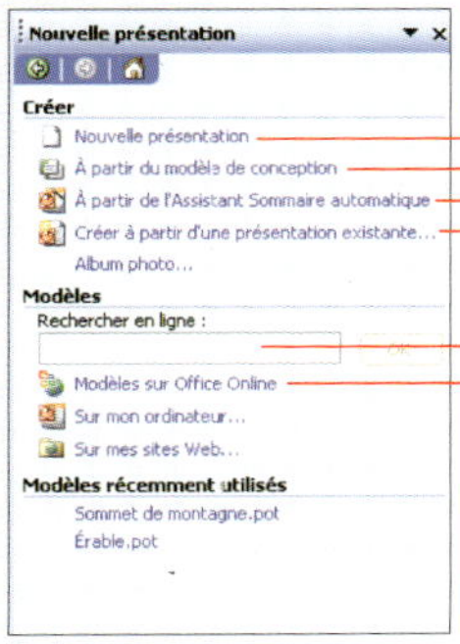

Utilisez des diapositives avec des mises en page simples et aucune conception. Voir *Créer une présentation à l'aide de diapositives vierges*, ci-dessous.

Utilisez des diapositives dont les mises en page, la conception et les jeux de couleurs sont prédéfinis. Voir *Créer une présentation à l'aide de modèles de conception*, ci-dessous.

À l'aide de PowerPoint, déterminez votre contenu avec des structures de présentations prédéfinies. Voir *Utiliser l'Assistant Sommaire automatique*, ci-contre.

Utilisez comme modèle une présentation existante. Voir *Fonder une présentation sur une présentation existante*, ci-contre.

Servez-vous de mots clés (*p. ex.* rapport technique) pour rechercher dans Microsoft Online des modèles supplémentaires spécifiques.

Visitez Microsoft Office Online pour consulter et télécharger d'autres modèles.

Créer une présentation à l'aide de diapositives vierges

1. Ouvrez le volet Office **Nouvelle présentation**, et cliquez sur **Nouvelle présentation**. Le volet **Mise en page des diapositives** s'ouvre et la diapositive de titre par défaut s'affiche. Si vous ne voulez pas l'utiliser pour commencer votre présentation, choisissez une autre disposition dans le volet Office.

Astuce : Enregistrez votre présentation dès sa création puis à intervalles réguliers.

2. Cliquez sur l'un des espaces réservés de la diapositive, et tapez le texte du titre. Vous pouvez aussi cliquer sur l'onglet **Plan** et taper le texte à côté de l'image miniature.
3. Cliquez sur [Nouvelle diapositive] pour insérer une autre diapositive, puis choisissez une disposition dans le volet Office **Mise en page des diapositives**. Votre diapositive peut associer texte, images, tableaux, graphiques et animations. Voir *Dessiner des traits et des formes*, page 5, et *Ajouter un graphique*, page 4.

Créer une présentation à l'aide de modèles de conception

1. Ouvrez le volet Office **Nouvelle présentation**, et cliquez sur **À partir du modèle de conception**. Le volet **Conception de diapositive** s'ouvre, et la diapositive de titre par défaut s'affiche.

Astuce : Enregistrez votre présentation dès sa création puis à intervalles réguliers.

2. Dans le volet Office **Conception de diapositive**, choisissez un modèle dans la liste **Appliquer un modèle de conception** (voir *À propos des modèles de conception et de contenu*, page 2). L'arrière-plan, le jeu de couleurs et la police de caractères du modèle sont appliqués à la diapositive.
3. Cliquez sur l'un des espaces réservés de la diapositive et tapez le texte du titre. Vous pouvez aussi cliquer sur l'onglet **Plan** et taper le texte à côté de l'image miniature.
4. Cliquez sur [Nouvelle diapositive] ou appuyez sur CTRL+M pour insérer une autre diapositive. Le volet Mise en page des diapositives remplace alors le volet Conception de diapositive. Choisissez une conception dans le volet **Mise en page des diapositives**, suivant la combinaison de texte, images, tableaux, graphiques et animations que vous voulez y introduire.

Pour modifier le modèle des diapositives déjà créées :

1. Sous l'onglet Diapositives, sélectionnez la diapositive à laquelle vous voulez appliquer le nouveau modèle. Appuyez sur la touche CTRL et maintenez-la enfoncée pour sélectionner plusieurs diapositives.
2. Passez au volet Office **Conception de diapositive** et choisissez le modèle de conception que vous désirez appliquer. Le modèle est alors appliqué aux diapositives sélectionnées.

Astuce : Si vous voulez appliquer un nouveau modèle de conception à toutes vos diapositives, placez le pointeur de la souris sur ce modèle, cliquez sur ▾, à côté, puis choisissez **Appliquer à toutes les diapositives**.

Élaborer une présentation avec un contenu existant

Vous pouvez fonder une nouvelle présentation sur une déjà créée, ou faire en sorte que PowerPoint conçoive une présentation et en établisse le plan.

Fonder une présentation sur une présentation existante

1. Ouvrez le volet Office **Nouvelle présentation**, et cliquez sur **Créer à partir d'une présentation existante...**. La boîte de dialogue s'affiche.
2. Choisissez le fichier PowerPoint sur lequel vous voulez fonder votre présentation puis cliquez sur [Créer]. Le fichier existant s'ouvre en tant que nouvelle présentation.
3. Modifiez cette présentation et ajoutez-y les diapositives voulues (voir *Créer une présentation à l'aide de diapositives vierges*, ci-contre). Pour adapter la conception, modifiez le modèle (voir *Créer une présentation à l'aide de modèles de conception*, ci-contre) ou le masque des diapositives (voir *Modifier le masque des diapositives*, page 2).

Utiliser l'Assistant Sommaire automatique

1. Ouvrez le volet Office **Nouvelle présentation**, et cliquez sur **À partir de l'Assistant Sommaire automatique**. La boîte de dialogue **Assistant Sommaire automatique** s'affiche alors.

Ce sont les éléments dont l'Assistant se sert pour créer la présentation.

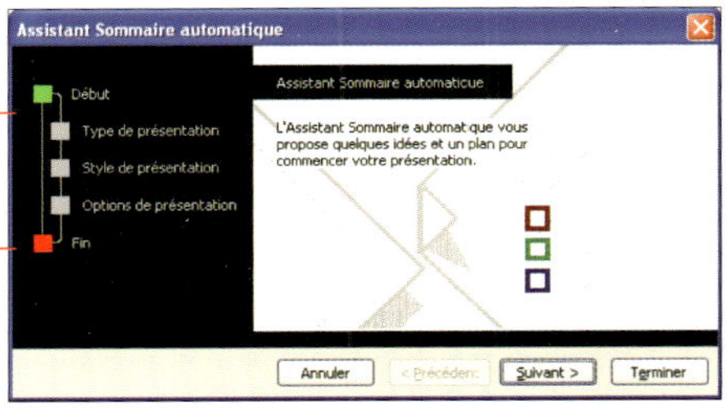

2. Cliquez sur [Suivant >] et suivez les instructions de l'assistant. Par exemple, pour créer une présentation pour une session d'orientation, cliquez sur [Société] et sélectionnez **Manuel de l'employé**.
3. Cliquez sur [Suivant >] pour avancer dans l'Assistant, et choisissez vos options de support, de titre et de pied de page.
4. Cliquez sur [Terminer]. La boîte de dialogue se ferme et la nouvelle présentation apparaît. Modifiez cette présentation et ajoutez-y les diapositives voulues (voir *Créer une présentation à l'aide de diapositives vierges*, ci-contre). Pour adapter la conception, modifiez le modèle (voir *Créer une présentation à l'aide de modèles de conception*, ci-contre) ou le masque des diapositives (voir *Modifier le masque des diapositives*, page 2).

Réutiliser des diapositives existantes dans une nouvelle présentation

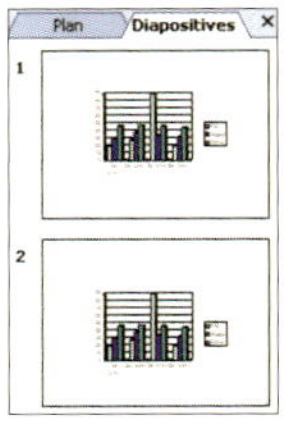

1. Créez une nouvelle présentation avec l'une des méthodes présentées ici. Passez à Mode Normal et cliquez sur l'onglet Diapositives. Vos diapositives s'affichent sous forme d'images miniatures.
2. Cliquez, entre deux diapositives, là où vous voulez insérer une diapositive tirée d'une présentation existante. Une ligne clignotante s'affiche pour marquer le point d'insertion.
3. Choisissez **Insertion** ▶ **Diapositives à partir d'un fichier**. La boîte de dialogue **Recherche de diapositive** s'affiche.
4. Sous l'onglet Rechercher la présentation, cliquez sur [Parcourir...].
5. Choisissez la présentation qui contient les diapositives que vous voulez insérer dans la nouvelle présentation. Cliquez sur [Ouvrir] pour afficher les diapositives.
6. Choisissez celle que vous voulez insérer dans la nouvelle présentation. Si vous voulez insérer plusieurs diapositives, appuyez sur la touche CTRL et maintenez-la enfoncée tout en faisant votre sélection. Cliquez sur [Insérer].
7. PowerPoint insère alors les diapositives dans votre présentation active. La boîte de dialogue **Recherche de diapositive** reste ouverte. Répétez les étapes 2 à 6 pour insérer d'autres diapositives. Cliquez sur [Fermer] lorsque vous aurez terminé.

Animer des objets et du texte

Employés avec modération, les effets d'animation constituent une méthode efficace d'accentuation du texte et des images, ou de navigation dans la présentation.

Ajouter des effets d'animation

Pour appliquer une animation PowerPoint standard à certaines diapositives :

1. Cliquez sur l'onglet Diapositives, sélectionnez plusieurs diapositives et choisissez **Diaporama ▶ Jeux d'animations**.
2. Dans le Volet Office **Conception de diapositive**, sélectionnez un jeu d'animations dans la liste **Appliquer aux diapositives sélectionnées**.

Pour appliquer une animation PowerPoint standard à toutes les diapositives :

1. Choisissez **Diaporama ▶ Jeux d'animations**.
2. Dans le Volet Office **Conception de diapositive**, sélectionnez un jeu d'animations dans la liste **Appliquer aux diapositives sélectionnées**, puis cliquez sur [Appliquer à toutes les diapositives].

Pour appliquer une animation personnalisée :

1. Sélectionnez une image ou du texte dans une diapositive, puis choisissez **Diaporama ▶ Personnaliser l'animation**.
2. Dans le volet **Personnaliser l'animation**, cliquez sur [Ajouter un effet] et sélectionnez l'une des options suivantes :
   - **Ouverture** pour que le texte ou l'objet entre dans la diapositive avec un effet animé.
   - **Emphase** pour ajouter un effet animé pendant l'affichage de la diapositive.
   - **Quitter** pour que le texte ou l'objet quitte la diapositive avec un effet animé.
   - **Trajectoires** pour que le texte ou l'objet se déplace sur un parcours prédéfini.

   Choisissez d'abord une catégorie d'effets, puis un effet spécifique dans le sous-menu. Vous pouvez ajouter à la sélection d'image ou de texte un nombre illimité d'effets.
3. Sélectionnez vos options dans les listes situées en haut du Volet Office **Personnaliser l'animation** pour affiner votre effet. Pour obtenir des options détaillées de démarrage, de direction et de minutage, placez le pointeur sur l'effet, cliquez sur ⌄ et sélectionnez Options d'effet.

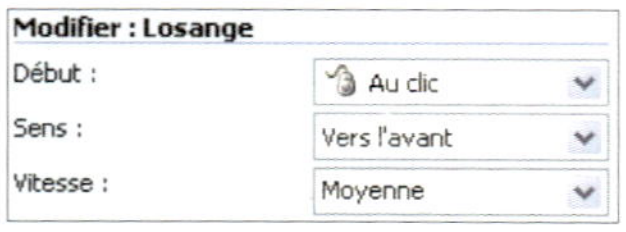

Modifier ou supprimer des effets d'animation

Cliquez sur l'onglet Diapositives, sélectionnez la diapositive où vous voulez changer les effets d'animation, puis procédez de l'une des façons suivantes.

- **Modifier l'ordre de plusieurs effets d'animation.** Sélectionnez un effet dans le volet **Personnaliser l'animation**, puis cliquez sur ⬆ ou sur ⬇ en bas du volet pour réorganiser l'effet. Repositionnez les autres effets à votre gré jusqu'à ce qu'ils apparaissent dans l'ordre désiré.

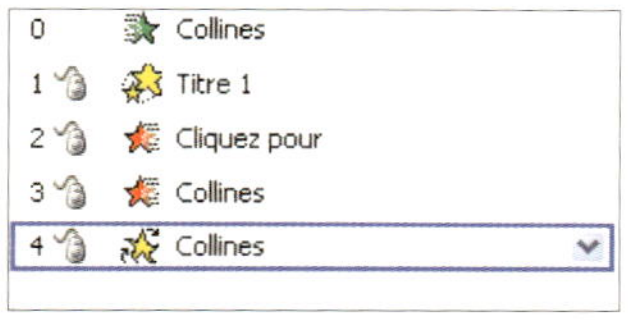

- **Supprimer un effet.** Sélectionnez un effet dans le volet **Personnaliser l'animation** et cliquez sur [Supprimer].
- **Modifier un effet.** Sélectionnez l'effet dans le volet **Personnaliser l'animation**. Cliquez sur [Modifier] en haut du volet, puis appliquez un nouvel effet comme le décrit la rubrique Pour appliquer une animation personnalisée ci-dessus.

Pour voir les effets d'animation

1. Cliquez sur l'onglet Diapositives et sélectionnez la diapositive à visionner.
2. Cliquez sur [▶ Lecture], en bas du volet **Personnaliser l'animation**. Vos effets d'animation apparaissent tels qu'ils le feront quand vous lancerez la présentation complète. La durée de chacun d'eux est indiquée en bas du volet.

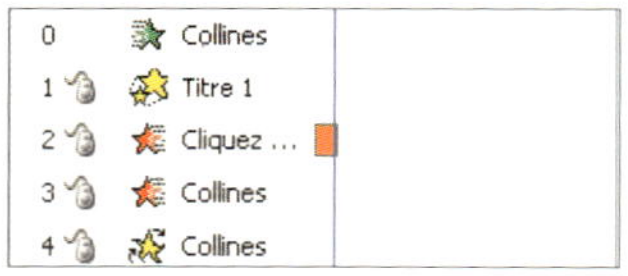

Ajouter des transitions entre les diapositives

Les transitions sont des effets visuels, par exemple des fondus et des dissolutions, qui apparaissent entre des diapositives durant une présentation. Ces transitions permettent d'indiquer un lien entre certaines diapositives et d'ajouter une cohérence visuelle d'ensemble.

Pour ajouter une transition à une sélection de diapositives : cliquez sur Diapositives, sélectionnez les diapositives et choisissez **Diaporama ▶ Transition**. Dans le Volet **Transition**, sélectionnez un effet dans la liste **Appliquer aux diapositives sélectionnées**.

Pour ajouter la même transition à toutes les diapositives : choisissez **Diaporama ▶ Transition**. Choisissez un effet de transition dans le volet **Transition**. Cliquez sur [Appliquer à toutes les diapositives].

Exécuter et partager votre présentation

Vous pouvez faire une répétition de votre présentation et vous servir des minutages pour l'exécuter automatiquement. Vous pouvez aussi en faire un package pour la distribuer.

✴ Exécuter votre présentation

Choisissez **Affichage ▶ Diaporama** ou appuyez sur F5. Une fois la présentation lancée en mode Plein écran, cliquez ou appuyez sur ESPACE pour faire défiler les diapositives. Pour accéder aux fonctions d'affichage et d'annotation, utilisez la barre d'outils de présentation.

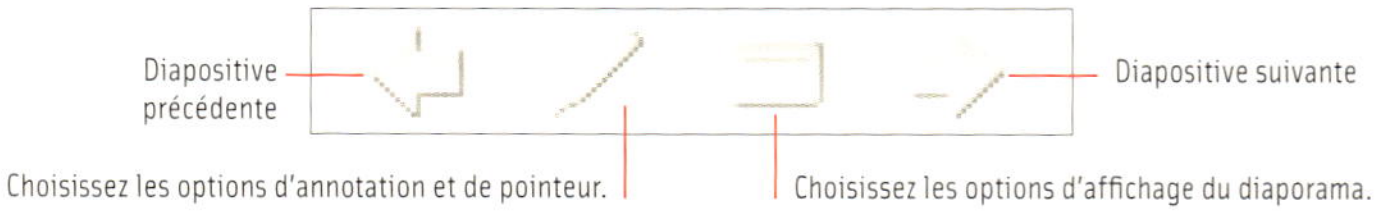

✴ **Pour ajouter des annotations lors d'une présentation :** cliquez sur ⁄, choisissez un stylet, puis faites glisser le pointeur pour marquer la diapositive. Une fois la présentation terminée, cliquez sur [Conserver] lorsque vous y êtes invité pour enregistrer les annotations.

Pour passer à un écran noir : cliquez sur ▭ et choisissez **Écran ▶ Écran noir**. Cliquez une fois ou appuyez sur la barre d'espace pour relancer la présentation.

Pour terminer la présentation : appuyez sur ÉCHAP, ou cliquez sur ▭ et choisissez **Arrêter le diaporama**.

Faire une répétition de votre présentation

1. Choisissez **Diaporama ▶ Vérification du minutage**. Votre présentation démarre alors, et la barre d'outils **Répétition** s'affiche.
2. Répétez la présentation. Une fois terminé, cliquez sur [Oui] pour enregistrer les minutages. En mode Trieuse, ils figurent sous les diapositives. Pour modifier, cliquez sur la diapositive avec le bouton droit et choisissez **Transition**.

Pour exécuter automatiquement la présentation sur la base des minutages enregistrés : choisissez **Diaporama ▶ Paramètres du diaporama**. Cliquez sur l'option **Utiliser le minutage existant** et cliquez sur **OK**. Lorsque vous effectuerez votre présentation, les diapositives défileront suivant les minutages enregistrés.

✴ Créer un package de présentation portable

1. Choisissez **Fichier ▶ Créer un package pour CD-ROM**. Dans la boîte de dialogue **Créer un package pour CD-ROM**, nommez le CD et procédez de l'une des façons suivantes.
   - **Faire un package de présentation dans un dossier :** cliquez sur [Copier dans un dossier...]. Nommez ce dossier, précisez son emplacement et cliquez sur **OK**. La boîte **Copie des fichiers dans le dossier en cours** affiche la progression du package.
   - **Faire un package sur un CD-ROM inscriptible :** cliquez sur [Copier sur le CD-ROM]. La boîte **Copie des fichiers sur le CD-ROM en cours** affiche la progression. Si vous n'avez pas de graveur ou qu'il ne peut pas graver des CD directement depuis PowerPoint, faites un package dans un dossier et créez un CD plus tard.

   Remarque : Par défaut, PowerPoint inclut dans le package les fichiers liés (graphiques, clips vidéo, *etc.*) et la Visionneuse (qui permet l'exécution des présentations sur des ordinateurs qui n'ont pas PowerPoint). Pour modifier les options du package, cliquez sur [Options...] dans la boîte de dialogue **Créer un package pour CD-ROM**.
2. Cliquez sur [Fermer]. Le package peut maintenant être exécuté ou distribué.

✴ Nouveauté PowerPoint 2003

Insérer des tableaux, des graphiques et des images

Illustrez vos données et renforcez votre message avec tableaux, graphiques et images.

Ajouter un tableau

Pour insérer un tableau simple : cliquez sur le bouton Insérer un tableau de la barre d'outils, cliquez sur la grille de dimensionnement et faites glisser la souris pour donner au tableau la taille voulue (*p. ex.* **Tableau 3 x 4**) puis relâchez le bouton de la souris. Vous pouvez aussi cliquer sur dans un espace réservé pour le contenu, taper le nombre de lignes et de colonnes dans la boîte de dialogue **Insérer un tableau** puis cliquer sur **OK**.

Pour dessiner un tableau personnalisé : cliquez sur dans la barre d'outils. La barre d'outils **Tableaux et bordures** apparaît et le pointeur se change en outil de dessin. éplacez la souris pour dessiner la bordure extérieure du tableau, puis relâchez le bouton pour l'insérer. Cliquez et déplacez la souris à l'intérieur du tableau pour dessiner des cellules. Cliquez à l'extérieur du tableau pour terminer.

Ajouter un graphique

1. Cliquez sur dans la barre d'outils, ou cliquez sur dans un espace réservé pour le contenu. Un nouveau graphique et une nouvelle feuille de données s'affichent.

Cliquez dans les cellules pour modifier les données du graphique.

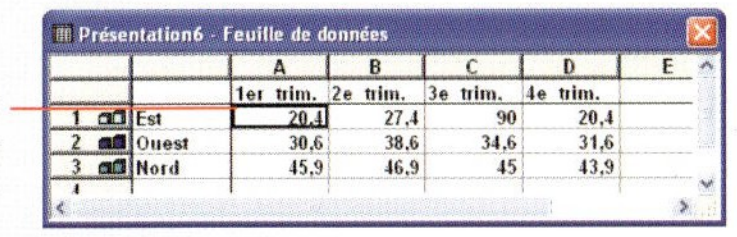
Présentation6 - Feuille de données

		A	B	C	D	E
		1er trim.	2e trim.	3e trim.	4e trim.	
1	Est	20,4	27,4	90	20,4	
2	Ouest	30,6	38,6	34,6	31,6	
3	Nord	45,9	46,9	45	43,9	
4						

2. Cliquez dans une cellule pour modifier les titres et les données. Si vous préférez importer les données d'une feuille de calcul Excel, choisissez **Edition** ▶ **Importer un fichier**, choisissez la feuille dans la boîte de dialogue **Importer un fichier** puis cliquez sur Ouvrir.

Pour modifier le style du graphique : choisissez **Diagramme** ▶ **Type de graphique**, sélectionnez les options dans la boîte de dialogue **Type de graphique** puis cliquez sur **OK**.

Pour modifier les options de mise en forme de graphique : choisissez **Diagramme** ▶ **Options du graphique** et servez-vous de la boîte de dialogue **Options du graphique**. Pour mettre en forme un élément spécifique (*p. ex.* l'arrière-plan une série de données ou une zone de traçage), cliquez sur celui-ci avec le bouton droit et sélectionnez Format dans le menu contextuel. Cliquez sur **OK** pour apporter les modifications.

3. Lorsque vous aurez terminé, cliquez hors de la zone de graphique. Pour modifier davantage le graphique, double-cliquez dessus et suivez les instructions de l'étape 2.

Ajouter un diagramme

1. Cliquez sur dans la barre d'outils Dessin, ou cliquez sur dans un espace réservé pour le contenu.
2. Dans la boîte de dialogue **Bibliothèque de diagrammes**, cliquez sur un type de diagramme, puis cliquez sur **OK**. Ce nouveau diagramme s'affiche dans la diapositive.
3. Tapez le texte dans les boîtes du diagramme et servez-vous de la barre d'outils flottante pour modifier le diagramme (*p. ex.* modifier la mise en page). Les fonctions de la barre d'outils varient légèrement en fonction du type de diagramme créé.
4. Quand vous aurez terminé, cliquez à l'extérieur du diagramme. Vous pouvez modifier davantage le diagramme en cliquant dessus et en suivant les instructions de l'étape 3.

Ajouter une image ou un clip vidéo

1. Passez à la diapositive dans laquelle vous voulez insérer l'image ou le clip vidéo, puis procédez de l'une des façons suivantes.
   - Pour ajouter une image, choisissez **Insérer** ▶ **Image** ▶ **À partir du fichier**.
   - Pour ajouter un clip vidéo, choisissez **Insérer** ▶ **Films et sons** ▶ **Film en provenance d'un fichier.** La boîte de dialogue **Insérer un film** s'affiche.
2. Choisissez l'image ou le clip vidéo que vous voulez insérer puis cliquez sur **OK**.

Astuce : Si vous avez du mal à trouver le fichier multimédia désiré, utilisez le volet **Recherche de fichiers simple** (voir *Rechercher un fichier*, ci-contre).

3. Faites pivoter ou redimensionnez la bordure de l'image comme vous le feriez avec une zone de texte (voir *Insérer et mettre en forme du texte, page 5*).

Rechercher un fichier

Servez-vous du volet Office Recherche pour trouver des fichiers sur votre ordinateur ou dans le réseau de votre société. Vous pouvez aisément copier dans votre présentation une sélection de contenu depuis les fichiers de la liste.

1. Choisissez **Fichier** ▶ **Rechercher un fichier**. Le volet **Recherche de fichiers simple** s'ouvre.
2. Dans la zone **Rechercher le texte**, tapez un mot clé de recherche. Il peut s'agir de noms de fichiers ou de mots apparaissant dans les fichiers eux-mêmes.
3. Dans la zone **Rechercher dans**, cliquez sur pour afficher la liste des dossiers et lecteurs où effectuer la recherche. Pour rechercher dans tous les lecteurs et dossiers disponibles, cochez la case **Partout**. Sinon, cochez les cases voulues pour rechercher dans certains dossiers seulement (*p. ex.* **Mes documents**). Cliquez sur ⊞ ou sur ⊟ pour développer ou réduire l'affichage des dossiers.

Cochez les cases pour indiquer dans quels dossiers la recherche doit être effectuée.

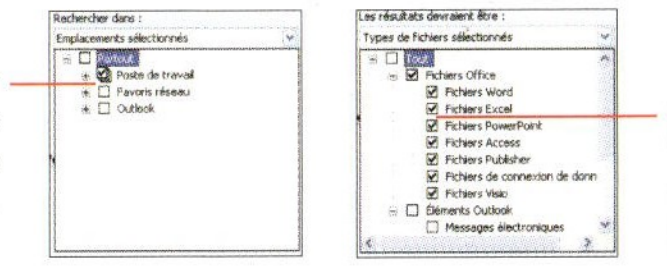

Cochez les cases pour indiquer dans quels type de fichier la recherche doit être effectuée.

4. Dans la zone **Les résultats devraient être**, cliquez sur pour afficher une liste des différents types de fichier. Si vous voulez faire la recherche dans tous les types de fichier (y compris ceux qui ne sont pas reconnus par Microsoft Office), cochez la case **Tout** ☑. Sinon, cochez les cases correspondant aux types de fichier à rechercher (*p. ex.* **Fichiers Word**, **Fichiers PowerPoint**).
5. Cliquez sur Ok. Le volet **Résultats de la recherche** s'affiche et la recherche commence. Une fois terminée, la liste de tous les fichiers correspondant à vos critères s'affiche. Pour lancer une autre recherche ou modifier votre recherche actuelle, cliquez sur Modifier.

Astuce : Si votre recherche aboutit à trop de fichiers, affinez-la en tapant des mots clés supplémentaires dans la zone **Rechercher le texte** (*p. ex.* `rapport marketing août` au lieu de `rapport`).

6. Cliquez sur un fichier de la liste pour l'ouvrir dans son application d'origine. Copiez et collez le contenu voulu à l'aide du volet **Presse-papiers**.

Copier et coller à l'aide du Presse-papiers

Vous pouvez copier dans le Presse-papiers du texte et des graphiques provenant d'autres fichiers et les coller dans des diapositives PowerPoint. Le Presse-papiers peut contenir jusqu'à 24 éléments.

1. Ouvrez le fichier qui contient le texte ou les images que vous voulez copier dans la présentation active (voir *Rechercher un fichier*, ci-dessus). Choisissez **Edition** ▶ **Presse-papiers Office** pour afficher le volet **Presse-papiers**.

2. Sélectionnez du texte ou des images, puis cliquez sur ou appuyez sur CTRL+C pour copier l'élément dans le Presse-papiers. Répétez l'opération pour copier d'autres éléments.

Astuce : Pour copier l'élément sélectionné et passer au volet **Presse-papiers** en une seule étape, appuyez deux fois sur CTRL+C.

3. Revenez à votre présentation PowerPoint en cliquant sur le bouton de tâche correspondant (*p. ex.* Présentation6) dans la barre des tâches Windows.
4. Placez votre curseur à l'endroit de votre présentation où vous voulez coller les éléments que contient le presse-papiers.
5. Dans le Volet Office **Presse-papiers**, cliquez ... l'image que vous souhaitez coller. Pour coller tous les éléments, vous p...

Pour supprimer un élément du Presse-papiers : ... cliquez sur puis sélectionnez **Supprimer**. Cli... les éléments du Presse-papiers.

Pour définir les options d'affichage du Presse-papiers : cliquez sur ... en bas du Volet Office **Presse-papiers** et choisissez une option dans la liste.

Nouveauté ...

Raccourcis

Opérations générales

Ouvrir une nouvelle présentation	CTRL+N
Ouvrir une présentation existante	CTRL+O
Enregistrer la présentation active	CTRL+S
Imprimer la présentation active	CTRL+P
Afficher un Aperçu avant impression monochrome	ALT+F+V
Vérifier l'orthographe de la présentation active	F7

Afficher et parcourir des diapositives

Aller à la première diapositive de la présentation (aucune sélection de texte)	CTRL+ORIGINE
Aller à la première ligne de la zone de texte (sélection de texte)	CTRL+ORIGINE
Aller à la dernière diapositive de la présentation (aucune sélection de texte)	CTRL+FIN
Aller à la dernière ligne de la zone de texte (sélection de texte)	CTRL+FIN
Aller au début/à la fin de la ligne	ORIGINE/FIN
Passer à la zone de texte suivante	CTRL+ENTRÉE
Passer à la diapositive précédente/suivante	PG. PRÉC/PG. SUIV
Rechercher un mot ou une expression	CTRL+F
Parcourir les volets dans le sens des aiguilles d'une montre, en Mode Normal	F6
Passer de l'onglet Plan à l'onglet Diapositives	CTRL+MAJ+TABULATION
Développer ou réduire les plans des diapositives	ALT+MAJ+9
Afficher ou masquer la police du texte dans les plans	aucun
Afficher ou masquer le quadrillage, en Mode Normal	MAJ+F9
Afficher ou masquer les repères, en Mode Normal	ALT+F9
Modifier les paramètres d'affichage du quadrillage et des repères	CTRL+G
Exécuter une présentation depuis la diapositive active	MAJ+F5
Exécuter une présentation depuis la première diapositive	F5

Astuce : En cours de présentation, vous pouvez appuyer sur F1 pour afficher la liste des raccourcis des diaporamas. Si une présentation ne s'exécute pas, appuyez sur F1 pour afficher le volet **Aide**.

Mettre en forme du texte et des objets

Mettre la sélection de texte en caractères gras	CTRL+B
Mettre la sélection de texte en italiques	CTRL+I
Souligner la sélection de texte	CTRL+U
Créer un effet d'ombre pour la sélection de texte	aucun
Augmenter la taille de police de la sélection de texte	CTRL+]
Diminuer la taille de police de la sélection de texte	CTRL+[
Changer la casse de la sélection de texte	MAJ+F3
Convertir la sélection de texte en liaison	CTRL+K
Couper la sélection de texte ou de graphique et la placer dans le Presse-papiers.	CTRL+X
Copier la sélection de texte ou de graphique dans le Presse-papiers	CTRL+C
Coller le texte ou le graphique copiés	CTRL+V
Créer une liste à puces	aucun
Créer une liste numérotée	aucun
Aligner le texte à gauche	CTRL+L
Aligner le texte à droite	CTRL+R
Centrer le texte	CTRL+E
Justifier le texte	CTRL+J
Augmenter un retrait	CTRL+M
Diminuer un retrait	CTRL+MAJ+M
Insérer un graphique	ALT+I+H
Grouper une sélection de graphiques et de zones en un seul objet	CTRL+MAJ+G
Dissocier un objet	CTRL+MAJ+H
Annuler la modification précédente	CTRL+Z
Répéter la modification précédente	CTRL+Y

PowerPoint 2003 | Nouveautés

Mise à jour de l'interface et des volets Office

Dans PowerPoint comme dans les autres applications Microsoft Office 2003, le volet Office a été perfectionné et facilite maintenant l'accès aux fonctions le plus souvent utilisées. Le menu qui figure en haut de chacun des volets Office a été remanié pour faciliter la sélection des divers volets. Lorsque vous lancez PowerPoint 2003, le volet Office **Accueil** affiche des liens aux présentations les plus récemment modifiées et à Microsoft Office Online, où vous trouverez des astuces et des didacticiels qui compléteront l'aide intégrée. Voir *Présentation du volet Office*, page 1.

Astuce : Si le volet Office ne s'affiche pas automatiquement au lancement de PowerPoint, choisissez **Outils** ▶ **Options**. Cliquez sur l'onglet Affichage, cochez la case **Volet Office au démarrage** et cliquez sur **OK**.

Amélioration du package des présentations

Le package consiste à assembler votre présentation PowerPoint, avec ses graphiques, ses polices de caractères, ses sons et ses clips vidéo. Ces divers fichiers peuvent alors être rassemblés et enregistrés sur un CD-ROM inscriptible que vous pourrez distribuer ou emporter pour faire vos présentations lors de vos voyages d'affaires. Si vous voulez obtenir une plus grande souplesse d'emploi, la Visionneuse PowerPoint peut être incluse dans le package. Elle permet en effet l'exécution de vos présentations sur des ordinateurs qui ne disposent pas de PowerPoint. PowerPoint 2003 offre donc un package simplifié et une Visionneuse mise à jour pour afficher des animations et des effets de transition sophistiqués. Voir *Créer un package de présentation portable*, page 6.

Nouveaux outils de présentation en mode Diaporama

Le mode Diaporama de PowerPoint comporte une barre d'outils remaniée qui simplifie la navigation entre les diapositives et qui facilite l'accès aux nouveaux outils d'annotation.

Annotation à main levée faite à l'aide du menu Annotations.

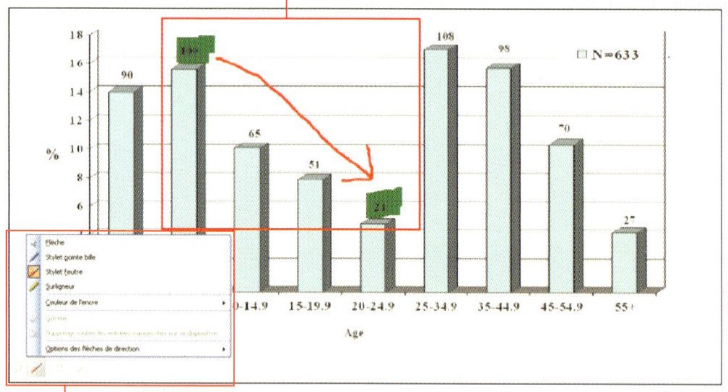

Barre d'outils de diaporama avec menu d'annotations affiché. Cliquez sur ← / → pour passer d'une diapositive à l'autre, ou sur ✎ / ▭ pour afficher le menu d'annotations ou de diaporama.

Bien que vous puissiez utiliser ces outils avec la souris ou un pavé tactile, ils sont encore plus pratiques sur les tablettes PC. Une fois la présentation terminée, vous pourrez enregistrer les annotations en les intégrant à vos diapositives. Voir *Exécuter votre présentation*, page 6.

Balises actives

Les balises actives permettent d'identifier certains types de données et d'en faciliter l'emploi dans d'autres programmes Microsoft. Pour activer les balises, choisissez **Outils** ▶ **Options de correction automatique**, puis cliquez sur l'onglet Balises actives et cochez la case **Marquer le texte avec des balises actives** ☑. Placez ensuite le pointeur sur une balise active et cliquez sur le bouton d'action ⓘ pour sélectionner une option.

Insérer et mettre en forme du texte

Le texte d'une présentation peut être placé dans des espaces réservés, des zones de texte, des images WordArt ou des formes automatiques. Sélectionnez du texte pour le modifier.

Texte espace réservé | Texte zone de texte | Texte WordArt | Texte forme automatique

Sélectionner du texte. Placez le pointeur au début du texte. Faites glisser le pointeur pour faire la sélection.

Pour ajouter du texte à un espace réservé vierge. Cliquez sur l'espace réservé pour placer le curseur puis tapez le texte ou collez-le. Voir *À propos des mises en page des diapositives*, page 2, et *Copier et coller à l'aide du Presse-papiers*, page 4.

Ajouter une zone de texte. Cliquez sur le bouton Zone de texte de la barre d'outils Dessin (voir *Personnaliser les barres d'outils et l'espace de travail*, page 1), cliquez, sur la diapositive, là où vous voulez insérer le texte et commencez à taper. La zone de texte se redimensionne automatiquement en fonction du texte.

Ajouter une zone de texte aux dimensions fixes. Cliquez sur le bouton Zone de texte dans la barre d'outils Dessin, puis sur la diapositive et faites glisser la souris pour dessiner la bordure de la zone de texte. Relâchez le bouton et tapez votre texte. Quand votre texte atteint la bordure, il passe automatiquement à la ligne.

Faire pivoter une zone de texte. Cliquez sur la zone de texte pour afficher sa poignée de rotation. Placez le pointeur dessus jusqu'à ce qu'il se transforme en symbole de rotation. Cliquez sur la poignée et faites-la glisser.

Redimensionner ou déplacer une zone de texte. Procédez de même qu'avec un espace réservé de mise en page. Voir *Modifier un espace réservé*, page 2.

Créer des listes à puces ou des listes numérotées. Mettez en surbrillance le texte auquel vous souhaitez ajouter des puces ou des numéros. Dans la barre d'outils, cliquez sur le bouton Insérer puces ou Numéroter.

Insérer une ligne sans puces ni numéros dans une liste. À la fin d'une ligne à puces ou à numéros, appuyez sur MAJ+ENTRÉE. Le curseur passe alors à la ligne suivante. Tapez dans cette ligne puis appuyez sur ENTRÉE pour poursuivre la liste.

Modifier la police de caractères du texte. Sélectionnez le texte, cliquez sur la flèche à côté de la zone Police Arial et choisissez une police de caractères. Cliquez sur **B** (CTRL+B) pour mettre le texte en caractères gras, sur *I* (CTRL+I) pour le mettre en italiques ou sur U (CTRL+U) pour le souligner.

Modifier la taille du texte. Sélectionnez le texte. Dans la barre d'outils, cliquez sur A (CTRL+]) pour agrandir le texte ou sur A (CTRL+[) pour le rapetisser. Continuez de cliquer jusqu'à ce que vous obteniez la taille voulue. Vous pouvez aussi cliquer sur la flèche à côté de la zone Taille 32 et choisir une taille précise.

Modifier la couleur du texte. Sélectionnez le texte. Dans la barre d'outils, cliquez sur la flèche à côté du bouton Couleur de police et choisissez une couleur dans le menu. Vous pouvez aussi choisir **Autres couleurs** dans le menu, et sélectionner une couleur dans la boîte de dialogue **Couleurs** avant de cliquer sur **OK**.

Modifier le style du texte dans l'ensemble d'une présentation. Modifiez le style du texte dans le masque des diapositives. Voir Modifier le masque des diapositives, page 2.

Copier du texte et des graphiques dans une présentation. Voir *Copier et coller à l'aide du Presse-papiers*, page 4.

Utiliser WordArt

WordArt est un type de zone de texte intégrant des effets visuels et des couleurs. Utilisez-le avec modération, pour souligner les points importants.

Pour ajouter de nouvelles images WordArt : cliquez sur le bouton dans la barre d'outils Dessin. Dans la boîte de dialogue, choisissez un style et cliquez sur **OK**. Dans la boîte de dialogue **Modification du texte WordArt**, sélectionnez une police et une taille de caractères, tapez le texte et cliquez sur **OK**. L'objet WordArt est inséré dans la diapositive.

Pour modifier un objet WordArt : double-cliquez dessus et apportez vos modifications dans la boîte de dialogue **Modification du texte WordArt**, ou sélectionnez-le et utilisez la barre d'outils **WordArt** qui s'affiche. Contrairement au texte normal, le texte WordArt ne peut pas être modifié avec la barre d'outils Format.

Pour modifier la couleur d'un texte WordArt : cliquez sur l'objet WordArt à modifier. Dans la barre d'outils **WordArt**, cliquez sur le bouton Format de l'objet WordArt. Dans la boîte de dialogue **Format de l'objet WordArt**, cliquez sur l'onglet Couleurs et traits et choisissez une couleur dans la liste **Couleur**. Cliquez sur **OK**.

Ajouter du texte à une forme automatique (Voir *Dessiner des traits et des formes*, ci-contre.)

Pour intégrer du texte à une forme : cliquez sur la forme pour afficher ses poignées de dimensionnement. Tapez le texte.

Pour placer du texte au-dessus d'une forme : ajoutez une zone de texte (voir *Ajouter une zone de texte aux dimensions fixes*, ci-dessus), puis positionnez-la au-dessus de la forme automatique (voir *Redimensionner ou déplacer une zone de texte*, ci-dessus).

Dessiner des traits et des formes

La barre d'outils Dessin vous permet d'ajouter des traits et des formes à vos diapositives. Vous pouvez les dessiner vous-même ou les choisir dans Formes automatiques.

Astuce : si la barre d'outils Dessin n'est pas affichée, reportez-vous à *Personnaliser les barres d'outils et l'espace de travail*, page 1.

Traits et formes simples

Cliquez sur un bouton, puis sur la diapositive et faites glisser la souris pour dessiner la forme. Double-cliquez sur le bouton pour insérer plus d'un exemplaire de l'objet. Maintenez la touche MAJ enfoncée pour créer des carrés et des cercles, ou la touche CTRL pour dessiner des formes à partir de leur centre.

Formes automatiques

Formes automatique ▾

Choisissez un type de forme automatique dans le menu, puis l'une des formes proposées dans le sous-menu. Cliquez sur la diapositive et faites glisser la souris pour placer et dimensionner la forme. Maintenez la touche MAJ enfoncée avant de placer la forme pour conserver ses proportions. Appuyez sur la touche CTRL et maintenez-la enfoncée pour dimensionner la forme à partir de son centre.

Styles de lignes et de flèches

Sélectionnez une ligne existante (voir ci-dessus). Pour modifier son épaisseur, cliquez sur le bouton et choisissez une option. Pour modifier les styles de tirets ou de flèches, cliquez sur le bouton ou sur le bouton.

Couleurs de remplissage et de bordure

Sélectionnez une ligne ou une forme existante. Cliquez sur la flèche à côté du bouton Couleur de remplissage pour choisir la couleur et le motif de remplissage, ou sur celle à côté du bouton Couleur du trait pour choisir la couleur et le style de la bordure.

Ombres et effets 3D

Sélectionnez une ligne ou une forme. Pour créer un effet d'ombre, cliquez sur Style d'ombre et choisissez un style (ou choisissez **Options d'ombre** et utilisez la barre d'outils **Réglages de l'ombre** pour modifier l'ombre, la forme ou la couleur). Pour créer un effet 3D, cliquez sur Style 3D et choisissez un style (ou choisissez **Paramètres 3D** et utilisez la barre d'outils **Réglages 3D** pour modifier la perspective, l'éclairage ou les effets de réflectivité).

Organiser des formes et des zones de texte

Pour faire pivoter une forme : cliquez dessus et placez le pointeur sur la poignée de rotation. Lorsqu'il se transforme en symbole de rotation, faites glisser la poignée. Pour faire pivoter de 90°, cliquez sur Dessin ▾ et choisissez **Rotation ou retournement** ▶ **Faire pivoter à gauche de 90°** ou **Faire pivoter à droite de 90°**.

Pour retourner une forme : cliquez dessus, cliquez sur Dessin ▾ puis choisissez **Rotation ou retournement** ▶ **Retourner horizontalement** ou **Retourner verticalement**.

Pour faire passer une forme superposée au premier plan ou à l'arrière-plan : cliquez sur la forme avec le bouton droit de la souris et choisissez **Ordre** ▶ **Mettre au premier plan** ou **Mettre à l'arrière-plan**.

Pour regrouper plusieurs formes en un seul objet : appuyez sur CTRL et sélectionnez les formes. Cliquez sur les formes avec le bouton droit de la souris et choisissez **Groupe** ▶ **Grouper**.